AF463268

DE L'INFLUENCE DES CHEMINS DE FER

SUR L'ÉLEVAGE DU BÉTAIL

DE L'INFLUENCE

DES CHEMINS DE FER

SUR

L'ÉLEVAGE DU BÉTAIL

DANS LE BOCAGE NORMAND

par

Arnould BAUDOUIN

CAEN

IMPRIMERIE DE G. PHILIPPE, RUE FROIDE, 5

1862

DE L'INFLUENCE DES CHEMINS DE FER

SUR

L'ÉLEVAGE DU BÉTAIL

Dans le Bocage Normand

§ I.

De toutes les industries, celle dont les progrès importent le plus à la prospérité d'un pays est sans contredit l'Agriculture. Malheureusement elle est aussi la plus arriérée, sinon dans la théorie, du moins dans la pratique; et c'est là une des causes qui contribuent pour la plus large part à la cherté croissante de certaines denrées alimentaires.

Sous ce rapport, les autres branches de la production nationale ont, pour la plupart, suivi une marche inverse : malgré le renchérissement de la main-d'œuvre et les exigences toujours plus grandes de la consommation, on y fait mieux et à plus bas prix, par suite de l'amélioration rapide des procédés de fabrication et aussi par l'effet du stimulant salutaire de la concurrence. Des causes diverses, générales et particulières, économiques et morales, concourent à maintenir l'agriculture dans cet état d'infériorité relative. Il n'entre pas dans mes vues de rechercher et moins encore de discuter à fond toutes ces causes; je me contenterai de signaler en passant, et pour mémoire :

1° Les baux à court terme, qui sont un obstacle à l'amendement du sol et au perfectionnement des méthodes de culture;

2° L'imprévoyance de certains propriétaires ruraux qui, au lieu de capitaliser leurs économies, s'empressent de les engager dans l'achat du coin de terre qui arrondit leur domaine, laissant ainsi leur champ ou leur pré en partie improductif, faute d'un capital suffisant : faux calcul qui trop souvent entraîne l'emprunt à gros intérêts; et le cultivateur mal inspiré cherche son salut où il ne peut trouver que la ruine, dans le fléau de l'usure;

3° L'ambition d'un trop grand nombre d'agriculteurs qui, au prix de sacrifices souvent ruineux, préparent leurs fils aux professions libérales déjà trop encombrées, ou bien en font les très-humbles solliciteurs de quelque fonction administrative, au lieu de leur réserver, comme un héritage, la précieuse indépendance de leur position;

4° L'insuffisance des capitaux dont disposent la moyenne et la petite culture, inconvénient qui ne peut disparaître que par la diminution du taux de l'intérêt et par la création d'institutions de crédit à long terme, fonctionnant au chef-lieu de canton;

5° La routine, cet entêtement de l'ignorance. C'est là sans doute la plus générale et la plus grave de toutes les causes qui entravent le progrès de l'agriculture. Pour combattre efficacement ce fléau, il faut, avant tout, propager l'instruction primaire en la rendant gratuite et même obligatoire, et répandre un enseignement spécial jusqu'au fond de nos campagnes par la voix de professeurs autorisés; il importe aussi que chacun, avec un zèle persévérant, apporte à la masse des observations utiles, le tribut de son expérience personnelle, tribut d'autant moins suspect à la routine qu'il est la part de la pratique et non pas de la théorie;

6° Enfin l'insuffisance et le haut prix des transports, qui, jusqu'à ces derniers temps, a fait obstacle aux échanges et à la production la plus rationnelle et la plus économique.

L'établissement des chemins de fer, l'ouverture des canaux de grande navigation, et la libre introduction des grains étrangers constituent des faits économiques de la plus haute portée, lesquels doivent entraîner des conséquences rapides et profondes pour toutes nos industries et particulièrement pour l'agriculture.

§ II.

Autrefois, lorsque chaque zone territoriale était pour ainsi dire isolée des autres, par l'absence de communications faciles, les habitants de ces diverses régions se trouvaient dans la nécessité de demander à leur propre sol tout ce que réclamaient leurs besoins, alors même que la production devait se faire dans des conditions désavantageuses. Sans doute, en principe, il eût été plus profitable d'adopter exclusivement ou principalement certaines cultures spéciales, si l'excédant de leur valeur relative avait pu couvrir, et au delà, les frais de transport des matières échangées; mais cette plus-value des produits étant purement commerciale et subordonnée à l'existence des voies de communication, il s'ensuivait que chaque cultivateur, pour avoir sous sa main et au meilleur compte possible, les choses nécessaires à la vie, devait les produire lui-même indistinctement, parce que toute spécialité de culture, quoique excellente en théorie, eût été ruineuse dans la pratique.

Par exemple, telle zone du centre ou du midi de la France convenait particulièrement à la culture de la vigne, comme l'établissement des prairies était l'opération la plus naturelle et, la plus lucrative dans notre Bocage Normand; néanmoins, il fallait bien, dans ces diverses régions, consacrer une notable portion des terres à la production des céréales, parce qu'elles sont indispensables à la vie, et qu'en les demandant au commerce, leurs frais de transport eussent dépassé l'excédant du profit que peut donner ici la fabrication du vin, là l'élevage ou l'engraissement du bétail.

Les chemins de fer et la libre introduction des grains étrangers vont donc changer, dans une certaine mesure, les conditions anciennes de l'agriculture. Il s'établira de zone à zone et de département à département, une *division du travail* extrêmement heureuse. Chacun produira ce qu'il peut le mieux produire, et il se procurera le reste par la voie des échanges. Ainsi, toutes les fractions du territoire français deviendront, par cela même, plus étroitement associées, et formeront entre elles les liens d'une solidarité profitable à tous les intérêts.

Nos localités ne doivent pas être les dernières à profiter de la révolution économique qui commence, et c'est parce que je crois avoir conscience de ses effets, que j'ai voulu, sur un sujet de cette importance, attirer l'attention de nos producteurs.

§ III.

Les idées que je vais exposer, tout en conservant un certain caractère de généralité, se réfèrent particulièrement au Bocage Normand, champ principal de mes observations.

C'est un fait incontestable, que depuis une vingtaine d'années les pâturages ont pris dans la Manche et le Calvados une extension considérable. Aux environs de Thorigny, on a mis en herbe, par une sorte d'entraînement, non-seulement des propriétés de pur agrément ou de faible rapport, mais encore des terres fertiles, affectées jusque-là aux céréales. Un des premiers, M. Culleron Deslandes, donna, il y a un demi-siècle à peine, le signal de cette transformation. Il avait acheté, des princes de Monaco, des coteaux couverts de bois et de broussailles, refuge ordinaire des lièvres et des lapins; renonçant au stérile plaisir de cette chasse princière, il sut, de ces mauvais coteaux, faire de très-bons pâturages, où l'engraissement des vaches réussit parfaitement. Plus tard, vingt-cinq hectares de bois rapportant annuellement cinq cents francs, furent défrichés par le gendre de M. Deslandes, et devinrent d'excellents herbages, qui s'afferment actuellement à raison de cinq mille francs par an. Nombre de propriétaires, frappés du succès de cette double expérience, entrèrent bientôt dans la voie féconde que leur ouvraient deux hommes d'initiative intelligente.

Ce mouvement (1) contemporain de la création des grandes routes, se faisait en même temps dans le Calvados, notamment dans les campagnes d'Aulnay-sur-Odon et de Villers-Bocage : tant il est vrai qu'il n'y a point d'aiguillon si puissant que l'intérêt pour faire sortir les plus routiniers de l'ornière des vieilles traditions !

L'intensité de ce mouvement est démontrée, du reste, par l'importance croissante prise par les marchés de Villers et autres, devenus eux-mêmes insuffisants, à tel point que les populations demandent avec instance la création de nouveaux marchés, plus à proximité des producteurs. C'est le cas de Caumont. Aulnay avait précédemment réclamé son marché aux bestiaux, seulement pour les premiers samedis de chaque mois, demande modeste, qui ne fut pourtant pas accueillie. Je ne prétends pas rechercher les motifs qui ont dicté le refus de l'autorité administrative ; mais comme sa main impartiale aime à tenir la balance égale entre tous les intérêts, j'ai l'espoir fondé qu'elle s'empressera de revenir sur sa première décision, quand sa reli-

(1) Ce mouvement est beaucoup plus marqué en Angleterre. De 1860 à 1861, la culture des céréales a perdu dans ce pays 9,024 hectares (*Comptes rendus agricoles pour l'Irlande*).

gion sera mieux éclairée par les hommes que le canton d'Aulnay a chargés de défendre sa cause et de faire valoir ses droits. Il ne s'agit pas ici d'une vaine rivalité de clocher, et l'administration comprendra combien est préjudiciable aux éleveurs éloignés de Villers l'obligation de conduire sur cet unique marché leurs animaux destinés à la vente, à moins qu'ils ne préfèrent, pour éviter un déplacement coûteux, les livrer à vil prix aux intermédiaires qui parcourent les campagnes.

D'ailleurs, ce dédommagement n'est-il pas bien dû à une population aussi industrieuse que celle d'Aulnay, à un canton aussi important, à un centre de production dont le mouvement commercial entretient en grande partie, à son préjudice, celui de Villers, et qui est privé, au profit d'Harcourt, d'un chemin de fer auquel il avait des titres si sérieux ?

Je ne suis point sans doute un partisan exclusif des pâturages, et je pense que dans une exploitation agricole bien entendue, il importe, en général, de ne pas coucher en herbe toutes les terres, et de réserver un espace suffisant pour la culture des céréales et des autres plantes que réclame la nourriture des animaux et du personnel de l'exploitation.

Ce n'est pas tout, et cette idée même appelle un complément et un correctif. Il faut encore que le cultivateur se tienne parfaitement au courant des fluctuations dans les prix des diverses denrées ou matières premières, et qu'il se règle toujours sur la grande loi économique de l'offre et de la demande, produisant peu de ce qui est au-dessous du prix normal et beaucoup de ce qui est au-dessus, maintenant ainsi, à l'avantage commun du producteur et du consommateur, un juste équilibre dans la production.

Ces réserves une fois faites, j'aborde immédiatement la question qui fait l'objet principal de ce petit travail.

§ IV.

On a comparé la Touraine à un jardin, et la Beauce à un grenier. Si l'on voulait faire une troisième comparaison, non moins juste que les deux autres, on pourrait dire que la Normandie est la prairie de la France. Il semble du moins que la nature l'ait faite pour cette destination. Climat, état du sol, abondance et bonté des eaux, fréquence des pluies, nombre des clôtures qui permettent de laisser les animaux en liberté, ce qui les rend plus vigoureux, race admirable de bestiaux (race cotentinaise) qui ne conserve pleinement que sur cette terre privilégiée ses précieuses qualités héréditaires ; toutes conditions essentiellement favorables que réunit si heureusement cette verdoyante province, et qu'on ne trouverait pas à un plus haut degré dans aucune contrée des deux continents.

Je pose en principe qu'on peut avec profit convertir en prairies ou en herbages tous les fonds de terre où il y a de l'eau pour abreuver les bestiaux. On conçoit que cette condition est essentielle, surtout au moment des chaleurs. Quant aux irrigations, la présence de l'eau est moins nécessaire, puisque le ciel, ce grand irrigateur, remplit si libéralement ses fonctions.

Voyons maintenant les avantages particuliers et considérables que présentent les prairies sur les autres cultures.

Si la transformation de la terre de labour en prairie exige certaines avances, qui varient selon les lieux, elles sont bientôt couvertes par les économies que l'on réalise du côté de la main-d'œuvre et des semences.

D'autre part, si la récolte du foin n'est pas, en somme, plus économique que celle des blés et des autres plantes qui dans tout assolement alternent avec les céréales, elle épargne du moins les frais de battage et de vannage, et, par suite, l'achat des instruments ou machines à battre et à vanner, lesquels coûtent toujours assez cher, alors même qu'ils sont très-loin de la perfection.

Ajoutons que la terre de labour reste à peu près improductive après la moisson jusqu'à la récolte nouvelle, tandis que, quand la faux a passé sur la prairie, on a encore le regain qui vous assure un notable supplément de bénéfices.

Il y a plus, s'il vous convient de transformer votre prairie en pâturage, c'est-à-dire de faire paître votre herbe au lieu de la couper, vous économisez encore les frais de récolte du foin, sans obtenir un moindre produit; et même vous obtenez plus dans les bons fonds de notre Bocage, et surtout dans ceux du Pays-d'Auge et du Cotentin: c'est ce qui explique le haut prix de leur loyer.

Pour tenir un compte exact de toutes les dépenses, il faut reconnaître que les prairies doivent être largement fumées, surtout dans le commencement. Mais plus tard, la quantité d'engrais nécessaire doit être diminuée de toute celle que déposent chaque année les animaux qui paissent le regain. S'il s'agit d'herbages où le bétail paît toute l'année, la nécessité des engrais se fait encore moins sentir, puisque les animaux rendent à la terre une plus grande partie de ce qu'ils en reçoivent. On peut les laisser dehors pendant la saison d'hiver, en ayant soin de leur porter leur nourriture; les engrais qu'ils déposeront alors produiront au printemps une active végétation. En résumé, plus la terre est engraissée, plus elle produit ; plus elle reçoit, plus elle donne, c'est un axiome en agriculture

§ V.

C'est surtout les fonds vigoureux qu'il convient de mettre en herbe. Il y a à cela double avantage: on fait un bénéfice et l'on évite une perte. On fait un bénéfice, car la prairie qu'on obtient se trouve d'abord plus riche et demande moins d'engrais; on évite une perte, parce que dans notre contrée où les étés sont généralement pluvieux, les blés des fortes terres sont sujets à la verse et mûrissent souvent dans des conditions défavorables

D'un autre côté, défricher un mauvais fonds pour le consacrer aux céréales, est presque toujours une fausse spéculation. On a beau accumuler les dépenses et les soins, capital et travail restent enfouis en pure perte dans un sol ingrat. Plus alors le défrichement sera considérable, plus il sera fait à titre onéreux. Ce n'est pas, si l'on veut, que les matières fécondantes confiées à la terre que vous prétendez amender soient absolument perdues; il est certain que si vous vous obstinez héroïquement dans cette tâche pénible et coûteuse, vous avez la perspective de vous enrichir plus tard, à la condition de vous appauvrir ou de vous ruiner d'abord. Mais convertissez ce mauvais fonds en herbage, et le résultat sera tout différent. En effet, les dépenses premières sont bien les mêmes dans les deux cas; mais les frais de culture étant nuls dans notre hypothèse, et ceux d'amendement décroissant d'une manière plus rapide, vous obtenez aussi plus tôt des fruits rémunérateurs.

Dans les prairies en pente et sans clôture, l'eau, en se déversant des chemins et des fonds supérieurs, dépose sur l'herbe qui remplit alors l'office de filtre ou de tamis, une grande partie des matières qu'elle tient en suspension. Par contre, elle ne peut laver et entraîner la terre végétale de ces prairies, comme elle le fait dans un sol consacré au labour; en effet, cette terre se trouve retenue et fixée par les racines des plantes herbacées. Ainsi, dans ces conditions, et toutes choses égales d'ailleurs, le fonds du pâturage s'augmente et s'améliore plus que celui affecté à toute autre culture, par la raison qu'il reçoit plus d'humus et qu'il en perd moins.

On sait aussi que les plantes herbacées jouissent d'un pouvoir absorbant remarquable, et que leurs racines, en divisant le sol, y font pénétrer plus facilement l'eau des pluies.

Puisque tel est le rôle des prairies par rapport aux eaux pluviales, il s'ensuit que lorsqu'elles sont voisines des fleuves et rivières, elles les empêchent, dans une certaine mesure, de s'envaser et de devenir torrentielles. C'est par une semblable raison, qui est à la fois d'utilité générale et particulière, qu'on a songé au reboisement des mon-

tagnes, mesure préventive des plus efficaces contre le fléau des inondations.

Pour convertir un champ en pâturage, on sait quels travaux préparatoires sont nécessaires. Dans tous les fonds, l'herbe de bonne qualité et d'essence variée, vient naturellement et sans apport de semence. Toutefois, si l'on veut seconder la nature, je recommande ce moyen artificiel que j'ai vu employer avec succès. Après un bon labour, précédé d'une bonne fumure (et la terre bien nettoyée), on sème de la vesce ; et, quand elle est venue, on la fait paître par des animaux mis en liberté. Bientôt l'herbe pousse vigoureusement entre les racines qui, en se décomposant, forment un excellent engrais.

Lorsqu'une prairie est infestée de mauvaises herbes, il importe de l'en débarrasser par le sarclage; quelquefois il faut, comme moyen auxiliaire, engraisser, si le fonds est trop maigre, et drainer, s'il est trop humide.

Comme chaque année, si l'on veut obtenir une pâture abondante, il est nécessaire de répandre sur le sol une certaine quantité d'engrais préparé à cet effet, je ne saurais trop recommander le procédé suivant, à la fois excellent, économique et de facile exécution : il consiste à ramasser avec soin toutes les terres perdues, telles que celles des chemins et des routes que les cantonniers voient enlever avec plaisir, puis à les répandre, pendant l'hiver, dans les cours à fumier où les animaux déposent ; plus tard, on relève ces terres, on les coupe avec la chaux, et l'ensemble de ces matières forme un compost très-énergique.

§ VI.

Les herbages offrent en général un terrain favorable aux arbres de diverses essences que l'on cultive pour leur bois ou pour leurs fruits. Les pommiers et poiriers y trouvent cet avantage particulier que le soc de la charrue ne blesse jamais leurs racines. C'est surtout à leur pied qu'il convient de mettre l'engrais quand on en charge la prairie, parce qu'alors l'eau venant à dissoudre cet engrais pénètre jusqu'aux racines et porte aux arbres ainsi qu'à l'herbe les sucs nourriciers dont ils ont besoin.

C'est l'occasion de signaler en passant deux méthodes vicieuses qui sont généralement répandues dans nos campagnes et causent un préjudice incalculable à nos plans de pommiers : je veux parler de l'abandon absolu dans lequel on laisse ces arbres et du trop grand rapprochement des plantations.

Le pommier est pour notre pays une source considérable de richesse, et si les récoltes donnent des résultats si variables, cela tient, en grande partie, à ce que l'arbre abandonné à lui-même se couvre de branches gourmandes, de mousse, de lichen, etc., et s'épuise dans les années favorables par l'extrême abondance du fruit. Il en serait tout autrement si l'on avait soin d'élaguer convenablement les pommiers et de les débarrasser des plantes parasites.

Quant à la plantation trop serrée, elle a le double inconvénient d'arrêter le développement des arbres et de paralyser, par l'excès d'ombrage, la végétation du sol. On ne devrait pas laisser moins de dix mètres entre deux pieds consécutifs.

Je recommande encore aux cultivateurs de ne pas négliger la plantation des espèces à haute tige, produisant des fruits à couteau, car si elles sont bien choisies, elles donneront chaque année un excédant de profit, à frais égaux.

Au bord des ruisseaux et rivières, et en général dans tous les endroits humides, on plante ordinairement des peupliers qui viennent là mieux qu'ailleurs. Comme leur croissance est rapide, ils sont d'un bon rapport, principalement l'Ypréau ou peuplier blanc *de Hollande*, l'espèce la plus répandue parce qu'elle est la plus précieuse.

§ VII.

Elever des chevaux, nourrir du bétail, soit pour la reproduction, soit pour la boucherie, voilà les deux principales ressources de l'*Herbager* Bas-Normand. Je dis les deux principales, car ce ne sont pas les seules. Nos beurres jouissent d'une réputation bien méritée et sont l'objet d'un commerce important. Ceux de première qualité se vendent à Paris 4 fr., 5 fr. et jusqu'à 6 fr. le kilogramme.

Mais c'est à l'élève du bétail que l'on doit, selon nous, s'attacher de préférence : c'est là qu'on trouvera le profit le plus clair et le plus certain, surtout quand les chemins de fer, complément indispensable de la ligne de Cherbourg, nous procureront à bas prix de faciles débouchés.

Les hommes du métier savent que dans l'élève du gros bétail, deux systèmes sont suivis d'une manière plus ou moins exclusive, selon la nature des lieux et les besoins du commerce. Dans certains endroits, on nourrit des bœufs, et, quand le fonds sur lequel ils paissent n'est pas assez riche, on les vend maigres pour être engraissés dans des pâturages plus plantureux, tels que ceux du Pays-d'Auge. Ailleurs on élève des vaches, que l'on engraisse après qu'on les a utilisées pour la reproduction, et qu'on leur a demandé leur lait pour la confection du fromage et du beurre, ou pour la nourriture des personnes et des jeunes animaux.

Les bénéfices que donne la vente du lait et du beurre, sont surtout précieux pour les petites fortunes. Aussi, dans nos campagnes, tel serait pauvre avec un coin de terre en labour, qui est presque riche avec le même fonds mis en herbe; et l'on pourrait citer plus d'un ménage à qui le produit d'une vache, joint au travail du père de famille, assure le pain de chaque jour.

Est-il besoin de dire que si un fonds de terre rapporte plus, il se vendra davantage? En effet, n'est-il pas évident que le capital qui représente la valeur de ce fonds doit être en définitive directement proportionnel à son revenu? Nous connaissons tel cultivateur qui, partant de ce principe élémentaire, se livre avec succès à un nouveau genre de spéculation. Voici sa manière de procéder : il achète des terres de labour, les convertit en prairies, et après quelque temps les revend avec un notable profit.

§ VIII.

Bien que la quantité de bestiaux que nous destinons chaque année à la boucherie se soit considérablement accrue depuis vingt ans, il est hors de doute qu'elle ne répond pas encore à beaucoup près aux besoins de la consommation. Cette insuffisance est si bien constatée, que tout dernièrement on demandait à la Compagnie du chemin de fer de Strasbourg l'abaissement de ses tarifs, pour importer en France les bœufs de la Hongrie et de la vallée du Danube.

Aussi, dans cette même période de vingt ans, la valeur vénale des bestiaux de toute nature a-t-elle suivi une marche ascendante et rapide, particulièrement dans ce grand centre de consommation qu'on appelle Paris (1). Ce résultat est dû non-seulement à l'accroissement de la population et de la richesse générale, mais aussi au goût de la viande, qui s'est répandu de plus en plus avec l'amour du bien-être parmi les classes de la société les moins aisées. Par l'effet de ces trois causes réunies et sans cesse agissantes, le cercle des con-

(1) Depuis quatorze ans le prix moyen de la viande de boucherie a haussé à Paris d'environ 20 centimes par demi-kilogramme.

sommateurs ira aussi sans cesse s'élargissant. Voilà donc sur notre sol même, sans nous préoccuper des débouchés extérieurs, une clientèle inépuisable à conquérir, laquelle ne demande qu'à être conquise. Cela soit dit pour rassurer les esprits timides qui pourraient craindre qu'une production surabondante n'avilit les prix du bétail. D'ailleurs, si une heureuse transformation s'accomplit dans le sens de mes idées, ce sera nécessairement d'une manière lente et progressive ; et les révolutions violentes sont les seules qui fassent des ruines.

On voit que la question qui nous occupe admet une solution également favorable, au double point de vue de la production et de la consommation, et c'est la pierre de touche de tout système en agriculture. Ainsi les vrais intérêts du producteur et du consommateur, bien qu'on les juge souvent contraires, s'accordent toujours dans l'harmonie générale. La nature les a mis sur le même plan, et ils doivent peser exactement le même poids dans la balance de la saine économie politique.

§ IX.

A ces raisons d'intérêt, tant particulier que général, viennent s'ajouter des considérations morales qui militent également en faveur de mes idées. On conçoit qu'un changement radical dans le système de culture entraîne des conséquences pour les personnes comme pour les choses, et que la production réagisse sur le producteur, en modifiant ses habitudes et son industrie. Le laboureur, non éleveur, forcément sédentaire et livré aux plus rudes labeurs, mérite trop souvent la réputation de travailler comme un nègre, malgré la récente application de la mécanique aux travaux agricoles. L'éleveur, non laboureur, a plus de loisirs, et sa vie est plus douce et plus indépendante sans être moins active ; en lui, le cultivateur est doublé du commerçant. A ce titre, il fréquente les foires et marchés, non-seulement pour acheter et pour vendre, mais aussi pour se tenir au courant des prix de la marchandise, ou pour apprendre à distinguer sûrement les bonnes espèces des mauvaises. S'il est connaisseur, il vous dira, comme vérités élémentaires, que la meilleure espèce, à poids égaux, est toujours plus chèrement payée, et qu'il faut élever les animaux, du moins dans nos contrées, en vue du commerce qu'on en fait et non pas du travail qu'on en tire, car ceux qui rendent le plus de services ne sont pas d'ordinaire ceux qui se vendent le mieux.

A un point de vue plus élevé, ces sorties habituelles du cultivateur ont un autre avantage, et la civilisation y trouve son compte. On sait, en effet, par l'expérience de tous les temps, que les fréquents rapports de l'homme avec l'homme rendent celui-ci plus sociable, effacent ou diminuent les aspérités des caractères en élargissant le cercle des idées.

L'éleveur qui fait valoir pour son propre compte, et surtout celui qui prend à ferme, doit avant toute chose et comme première condition de succès, mettre sur un bon pied son exploitation agricole. La prudence lui conseille également de conserver, autant que possible, par devers lui, un certain fonds de roulement pour combler les vides que la maladie peut faire dans son étable ou son écurie, et aussi pour profiter des chances favorables que le commerce peut lui offrir.

Que l'on n'oublie pas non plus que l'heureux choix des animaux et la bonne tenue de leurs logements, sont des titres à la confiance en même temps que des éléments de succès. En Angleterre, où la production du bétail tient la place qu'elle mérite et se fait sur une immense échelle, lorsqu'un propriétaire est en pourparler avec un fermier qui demande sa ferme, il ne va plus, à titre de renseignement, visiter les granges, mais c'est l'état de l'étable et de l'écurie qui le fixe sur la capacité et la solvabilité qu'il doit trouver dans celui qui recherche son domaine.

§ X.

On me fera peut-être cette objection : Si les pâturages prenaient dans le Bocage Normand l'extension que vous souhaitez, l'abondance de céréales diminuerait d'autant, et la disette ou du moins la cherté serait la conséquence inévitable de cette rareté relative. Crainte imaginaire ! Ne sait-on pas que les méthodes de culture se perfectionnent sans cesse, et que le caractère essentiel de ce perfectionnement, qui a sans doute ses limites, est d'obtenir avec des dépenses de moins en moins considérables des récoltes de plus en plus abondantes. D'ailleurs, si la consommation de la viande s'accroît progressivement, il est clair que celle du blé diminuera dans une proportion équivalente.

Mais supposons que notre Bocage, ou même, si l'on veut, la Normandie tout entière ne produise pas assez de céréales, ne peut-elle pas, par voie d'échange, en tirer des régions où cette denrée sera surabondante ? Elle le pourra d'autant mieux qu'elle sera plus riche en bétail et qu'en définitive les produits se paient avec des produits.

Pour répondre à toutes les objections qui ont trait à la matière, admettons qu'en Normandie, par goût ou par nécessité, la consommation de la viande augmente et que celle du blé diminue, où serait l'inconvénient ? Nous ne partageons pas là-dessus les préjugés de ces prétendus philanthropes qui, faute d'être initiés aux vrais principes de la physiologie animale, voudraient un régime de vie aussi frugal que possible pour la classe ouvrière. Voyez, disent-ils, les gens de la campagne qui vivent le plus souvent de bouillie et de galette, ne sont-ils pas plus forts et mieux portants que ces riches citadins dont la table est somptueusement servie ? Erreur et vérité ! On voit bien l'effet, mais on se trompe sur la cause. A quoi tient la vigueur chez la plupart des habitants de nos campagnes ? A trois causes principales : à la rareté des excès, à cet heureux équilibre du travail et du repos qui développe les forces et les répare, à l'air pur et sain qu'on respire loin des villes, autre condition de l'hygiène plus importante qu'on ne croit généralement et trop souvent négligée ou mal comprise. Quelle est donc, en dernière analyse, la nourriture la plus réconfortante pour l'organisation humaine ? C'est celle qui est à la fois animale et végétale. Sur ce point, les conclusions de la science sont très-précises. Aussi les ouvriers anglais, qui mangent peu de pain mais beaucoup de viande, sont-ils généralement plus vigoureux que les nôtres et capables de produire une plus grande somme de travail utile.

Je me résume :

1° L'établissement des chemins de fer et des voies navigables, et la libre introduction des grains étrangers, vont permettre aux diverses régions de la France d'adopter le mode de culture qui convient le mieux à leur sol et à leur climat.

2° La Normandie et surtout le Bocage Normand, sont particulièrement appelés à produire de la viande, du lait et du beurre;

3° Faire de la prairie et du pâturage, dans des conditions favorables et les planter convenablement d'essences d'arbres appropriés au sol, c'est un moyen sûr d'accroître ses revenus.

En publiant ce petit travail, ma seule ambition est d'être utile et ma plus douce récompense serait de contribuer, dans une certaine mesure, au développement de la richesse agricole, car elle est non-seulement la source première du bien-être, mais encore un élément moralisateur par excellence.

Caen, imp. G. Philippe, rue Froide, 5.

www.ingramcontent.com/pod-product-compliance
Ingram Content Group UK Ltd.
Pitfield, Milton Keynes, MK11 3LW, UK
UKHW020225180726
13838UKWH00005B/2186